肥一体化技术图解系列丛书

草莓

水肥一体化技术图解

邓兰生　张承林　编著

中国农业出版社
北　京

图书在版编目（CIP）数据

草莓水肥一体化技术图解 / 邓兰生，张承林编著
.—北京：中国农业出版社，2015.2（2023.10重印）
（水肥一体化技术图解系列丛书）
ISBN 978-7-109-20180-4

Ⅰ. ①草…　Ⅱ. ①邓… ②张…　Ⅲ. ①草莓 - 肥水管理 - 图解　Ⅳ. ①S668.4-64

中国版本图书馆CIP数据核字（2015）第032777号

中国农业出版社出版
（北京市朝阳区麦子店街18号楼）
（邮政编码 100125）
责任编辑　魏兆猛

北京中兴印刷有限公司印刷　　新华书店北京发行所发行
2015年4月第1版　　2023年10月北京第7次印刷

开本：787mm × 1092mm　1/24　　印张：2.5
字数：50千字
定价：15.00元

前言
FOREWORD

草莓的种植地域非常广，从能灌溉的沙漠地区到湿润地区，从海为0到海拔3 150米的地区，从寒冷地区到半干旱热带地区都可以栽。我国是草莓的主要生产国之一，草莓生产主要分布于安徽、辽、河北、山东、江苏、上海、浙江等地。草莓的水肥管理与产量品关系密切，但育苗技术落后、不合理的灌溉与施肥、不科学地使用药等，导致一些地区草莓产量下降、品质变劣，种植户利益得不到障，严重制约草莓产业的发展。草莓是一种高投入、高产出的水，许多种植户都会积极采纳新技术，想尽办法提高产量和品质。水一体化技术是近几年来在草莓上迅速推广的技术，它具有显著的省、省肥、省水、高效、高产、环保的优点。作者2009年起先后在广从化、增城，安徽长丰等地示范了草莓水肥一体化技术，取得显著果。在对全国各地的草莓产区调查表明，该技术在应用过程中，由于缺乏对基本原理的理解，技术细节掌握不到位，使用的效果存在别。广大种植户渴望有一本图文并茂、通俗易懂、可操作性强的读来帮助他们解惑释疑、提供指导。因此，我们编写了《草莓水肥一化技术图解》。本书是作者多年研发推广水肥一体化技术的理论和践经验的总结，由于受篇幅所限，只能概括性地介绍有关理论、备、肥料和管理措施。加之各地的气候、土壤、品种、上市时间存差异，用户在应用时一定要结合当地实际情况做相应调整。请读者别注意，由于各地土壤肥力水平不同、施用肥料种类不同，很难给一个标准统一的灌溉和施肥方案。

本画册由邓兰生、张承林负责编写。书中插图由林秀娟绘制。在写过程中得到华南农业大学作物营养与施肥研究室李中华、涂攀峰龚林、胡克纬、徐焕彬、萧文耀、钟仁海等同事的大力帮助，在此示衷心感谢。

目 录

CONTENTS

言

肥一体化技术的基本原理 …… 1

莓生产的主要栽培方式 …… 5

地栽培 …… 6

护地栽培 …… 7

莓生产的主要灌溉模式 …… 9

灌 …… 10

水带灌溉 …… 16

灌 …… 19

莓水肥一体化下的主要施肥模式 …… 20

负式加压浇施法 …… 21

压拖管淋灌法 …… 22

通罐施肥法 …… 24

吸肥法 …… 25

注肥法 …… 28

例施肥器法 …… 30

水肥一体化下草莓施肥方案及灌溉计划的制定 …… 33

草莓生长特性 …… 34

草莓对水分的需求规律 …… 35

草莓对养分的需求规律 …… 37

水肥一体化技术下肥料的选择 …… 39

草莓施肥方案的制定 …… 42

水肥一体化下草莓施肥应注意的问题 …… 46

系统堵塞问题 …… 47

盐害问题 …… 48

过量灌溉问题 …… 49

养分平衡问题 …… 50

灌溉及施肥均匀度问题 …… 51

少量多次的施肥原则 …… 52

施肥前后的管理 …… 53

结束语 …… 54

水肥一体化技术的基本原理

草莓正常生长必须满足五个基本要素：光照、温度、空气、水分和养分。空气指大气中的二氧化碳和土壤中的氧气。在露地生产情况下，光照、温度、空气是难以人为控制的，只有水和肥这两个生长要素是可以人为控制的，这就是合理的灌溉和施肥。

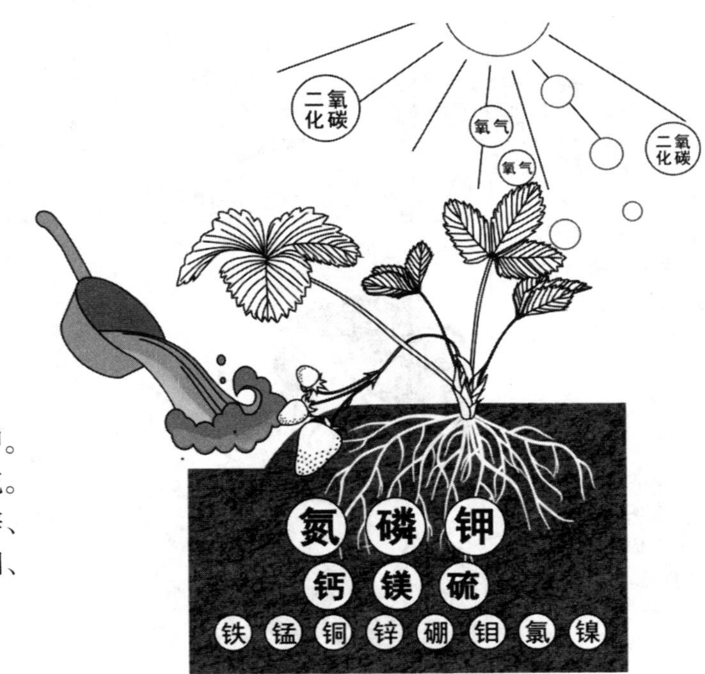

大量元素：氮、磷、钾。
中量元素：钙、镁、硫。
微量元素：铁、硼、锌、铜、锰、钼、氯、镍。

我种了那么多年的草莓，每年都施很多很贵的肥，水分也充足，怎么还长不好呢？
告诉你种草莓的关键措施：合理的灌溉和施肥是高产优质的基础。你的灌溉和施肥是合理的吗？
那，怎样才能做到呢？
应用水肥一体化技术是实现草莓生产高产优质的重要技术措施。

草莓有两张嘴，大嘴叫根系，小嘴叫叶片。当然啰，主要的吃喝还是靠大嘴巴来完成的，叶面施肥只能是补充。

根系主要吸收离子态养分，肥料只有溶解于水后才变成离子态养分。所以水分是决定根系能否吸收到养分的决定性因素。没有水的参与，根系就吸收不到养分。肥料必须要溶解于水后根系才能吸收，不溶解的肥料是无效的。肥料一定要施到根系所在范围，常规的撒施肥料大部分肥料没有被吸收，白白浪费。

撒在草莓行间的肥料

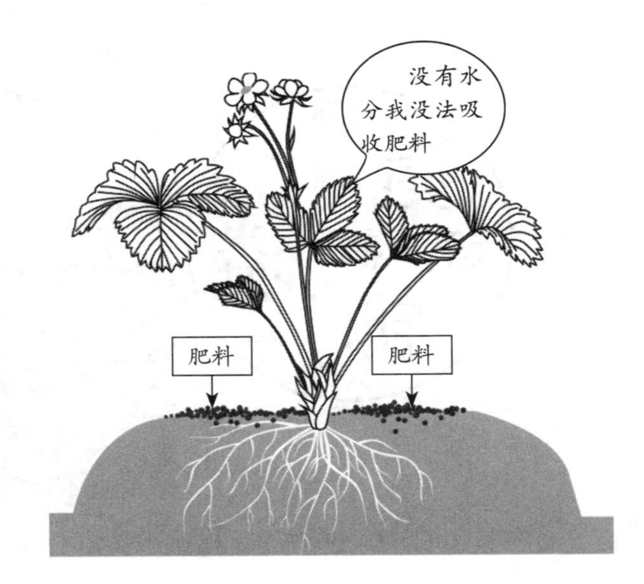

水肥一体化技术满足了“肥料要溶解后根系才能吸收”的基本要求。在实际操作时，将肥料溶解在灌溉水中，由灌溉管道输送到田间的每一株作物，作物在吸收水分的同时吸收养分，即灌溉和施肥同步进行。水肥一体化有广义和狭义的理解。广义的水肥一体化就是灌溉与施肥同步进行，狭义的水肥一体化就是通过灌溉管道施肥。

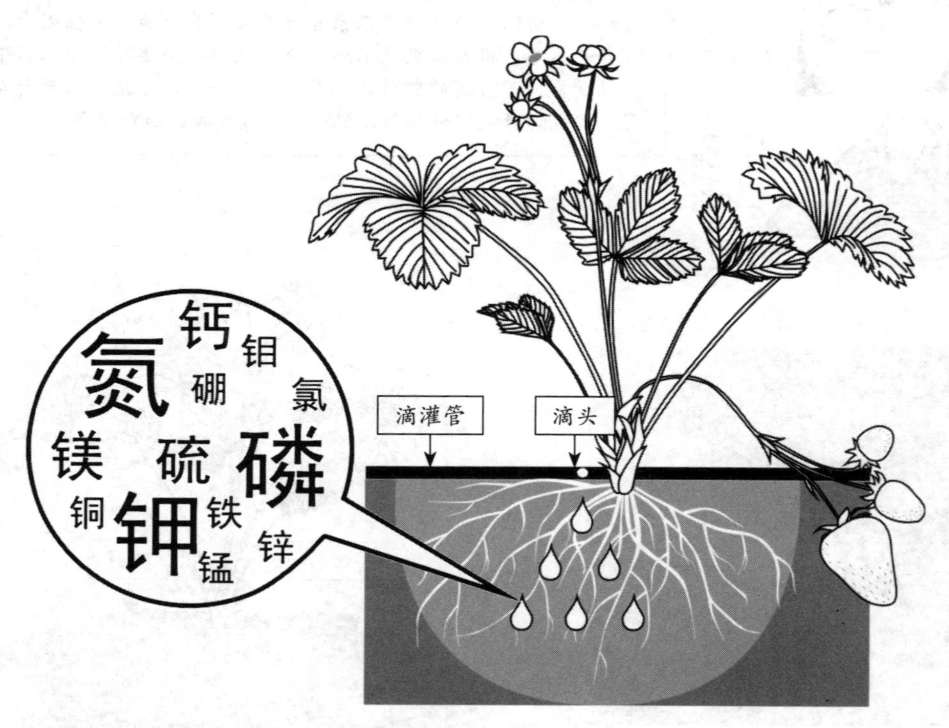

根在哪里，水肥就在哪里。你施肥灌水时考虑了吗？

草莓生产的主要栽培方式

草莓，又叫凤梨草莓、红莓、洋莓、地莓等，为蔷薇科草莓属多年生草本，是经济价值较高的小浆果，其果实柔软多汁、酸甜适口、营养丰富，而且外观靓丽、香气浓郁，因而在国内外市场备受青睐，被誉为“水果皇后”。

现在草莓的栽培方式主要有哪些呢?

主要有露地栽培和保护地栽培两种形式。

露地栽培

草莓

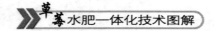

露地栽培草莓应选择地势平坦、土层深厚、排水良好的沙壤土或壤土，为草莓根系生长创造良好的水、气环境。土壤pH在5.5～6.5为宜，土壤pH较高时，草莓根系活性下降。同时，应避免在盐碱化的土壤上栽培。

草莓通常起垄栽培，一般垄高25～30厘米，垄底宽90厘米，垄面宽60厘米，沟宽30厘米。垄起好后，从垄边往内10厘米处定植，株距12～15厘米，行距30～40厘米。

露地栽培的草莓

保护地栽培

草莓

保护地栽培草莓可分为保护地土壤栽培和基质栽培。其中，土壤栽培时对土壤要求、栽植规格及其他管理措施与露地栽培相似。

保护地土壤栽培的草莓

草莓

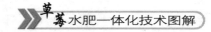

基质栽培是草莓保护地栽培的一种新型栽培方式，是在传统温室条件下实施的立体栽培模式，有支架型、双H型和A字型，所使用的基质为草炭土、蛭石和珍珠岩等按一定比例混配的混合基质。

温室内基质栽培的草莓

草莓生产的主要灌溉模式

滴灌

滴灌是指具有一定压力的灌溉水，通过滴灌管输送到田间每株草莓，管中的水流通过滴头出来后变成水滴，连续不断的水滴对根区土壤进行灌溉。如果灌溉水中加了肥料，则滴灌的同时也在施肥。

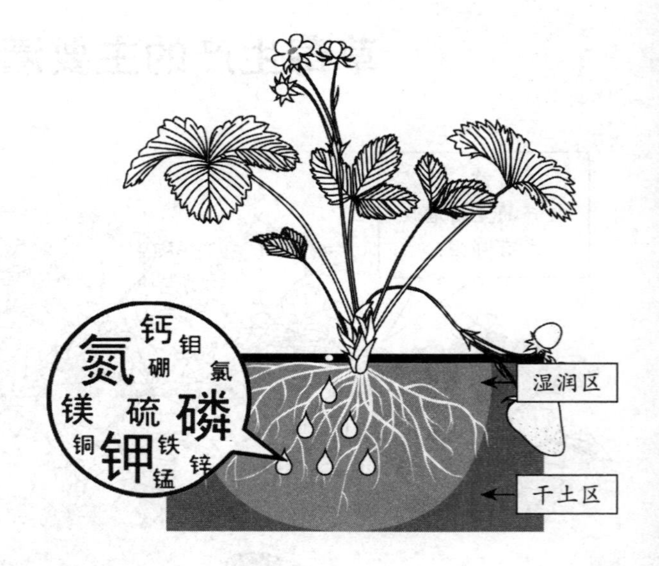

注意啦：滴灌是一种局部灌溉方法，它浇的是作物，而不是土壤。施肥是对根区施肥，而不是对土壤施肥。由于根系生长有趋水趋肥性，所以滴灌条件下根系大部分密集生长在滴头下方，其他地方根系很少。记住啊，要关注的是草莓根系的数量而不是根系的分布范围。

滴灌的优点

1.节水：水分利用效率高，显著高于沟灌及其他灌溉方式的水分利用效率。

2.节工：可以节省80%以上用于灌溉和施肥的人工，大幅度降低劳动强度。

3.节肥：肥料利用率高，比常规施肥节省30%～60%的肥料。

4.节药：作物长势好，农药用量减少；部分湿润土壤，杂草少，除草剂使用减少。

5.高效快速，可以在极短的时间内完成灌溉和施肥工作，让草莓长势整齐。

6.有利于实现标准化、集约化栽培。

滴灌管、滴灌带

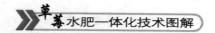

滴灌管（带）有普通型和压力补偿型，压力补偿型用于山坡地或压力变化大的地方。

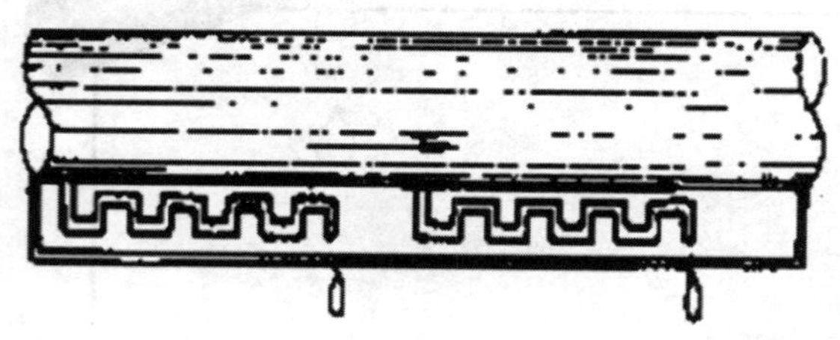

边缝式滴灌带

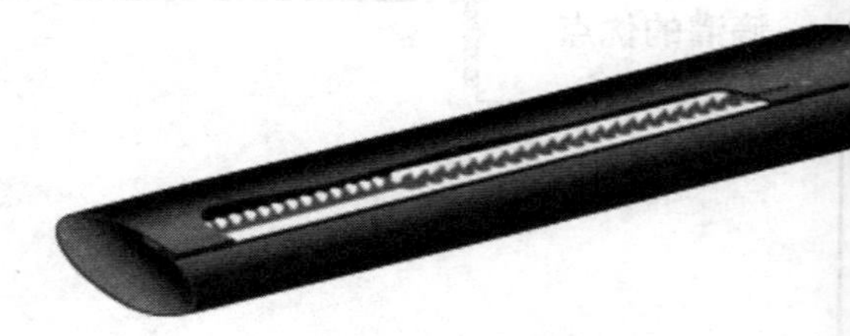

连续贴片式滴灌带

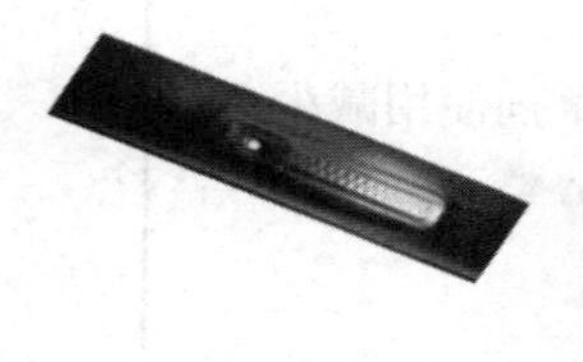

内镶贴片式
滴灌管、滴灌带

内镶柱状滴灌管

滴灌的不足

1.如果管理不好，滴头容易堵塞。
2.在干旱少雨地区可能会引起地表盐分的积累。
3.一次性的设备投资较大。
4.滴灌一般以固定面积的轮灌区操作，对不规整的地块安装不便。
5.要求施用的肥料杂质少，溶解快。

特别提醒

过滤器是滴灌成败的关键设备。一般用120目。

草莓园一般为平地，可以采用非压力补偿式滴灌（普通滴灌），降低设备成本。为了防止苗期杂草的生长，维持草莓果面的干净，采用膜下滴灌是最佳的。

滴灌管铺设：每两行共用一条滴灌管，铺设长度可达100米以上。
滴头间距：0.2～0.3米。
滴头流量：选用低流量滴头，一般为1.0～2.0升/小时。

滴灌施肥就像母亲给婴儿喂奶。水分养分同时供应，少量多餐，养分平衡。以前给草莓施肥是多量少次，草莓就像乞丐一样，饱一顿，饿一顿，草莓当然长不好了。很多肥料都没有溶解，没法进入土壤根系层，浪费很多。现在有滴灌，施肥灌溉都可以调控，可以根据草莓的生长需求制定标准的施肥和灌溉方案，草莓吃饱喝足，营养平衡，当然长得健康啦。

要记住啊，草莓就像个婴儿，需要悉心照料。每次喂它，要记得水肥一起喂啊。你照顾得越周到，它给予的回报也就越多。传统的重施基肥是落后的施肥方法，存在养分流失、烧根、利用效率低等一系列问题。

喷水带灌溉

喷水带

喷水带也称水带或微喷带，是在PE软管上直接开0.5 ~ 1.0毫米的微孔出水，无需再单独安装出水器，在一定压力下，灌溉水从孔口喷出，高度几十厘米至1米。在草莓生产中，喷水带是一种非常常见的灌溉方式，应尽量选择小流量喷水带，喷水孔朝上安装，铺设长度不超过50米。因为在草莓生产中一般都会盖薄膜，所以喷水带其实就变成了大流量的滴灌。

膜下喷水带可能是目前草莓最普及的灌溉方法。

喷水带灌溉的优点

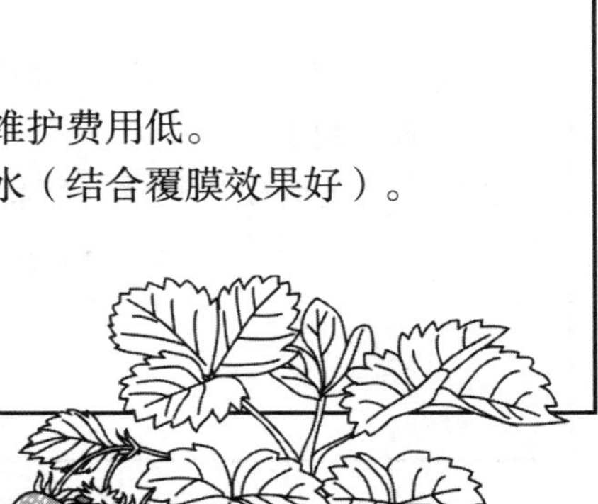

1.适应范围广。
2.能滴能喷（覆膜后就相当于大流量的滴灌）。
3.抗堵塞性能好（对水质和肥料的要求低）。
4.一次性设备投资相对较少。
5.安装简单，使用方便（用户可以自己设计安装），维护费用低。
6.对质地较轻的土壤（如沙地）可以少量多次快速补水（结合覆膜效果好）。

喷水带灌溉的不足

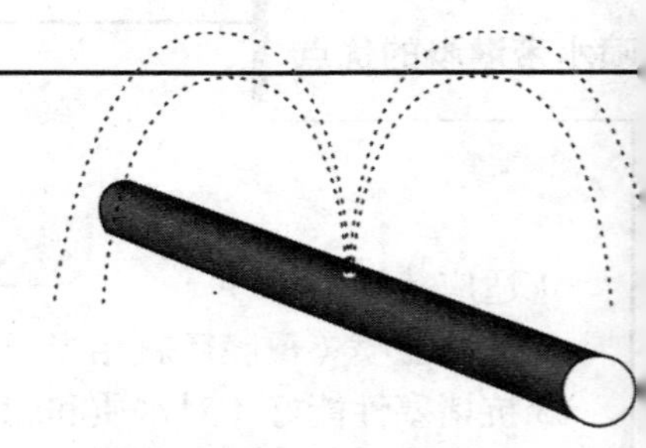

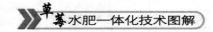

1.喷水带灌溉的均匀性受铺设长度和地形的影响明显，容易导致灌水不均匀。一般只适合用于平地。
2.喷水带的管壁比较薄，容易受水压、机械和生物咬噬等影响导致破损。
3.喷水带一般不设轮灌区，要人工逐条开关，增加了操作成本。

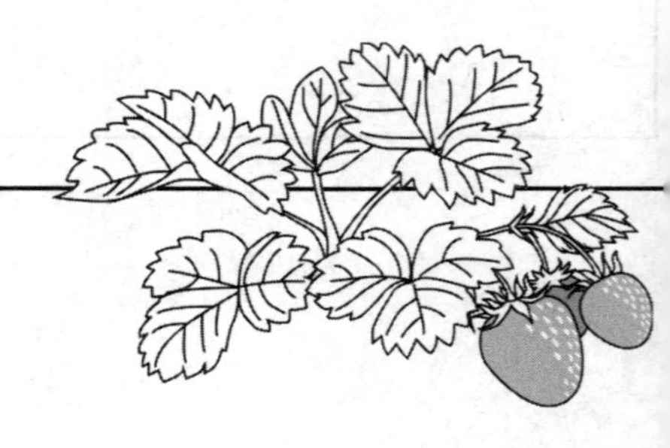

沟灌

沟灌

沟灌是我国农田地面灌溉中普遍应用的一种灌水方法。灌溉时，灌溉水由输水沟或毛渠进入灌水沟后，在流动的过程中，主要借土壤毛细管作用从沟底和沟壁向周围渗透而湿润土壤。

采用沟灌方式灌溉时，容易造成水、肥的地表径流和地下淋溶损失。

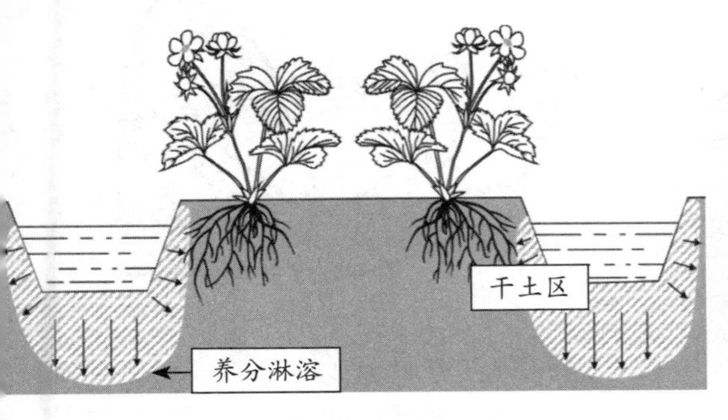

草莓沟灌

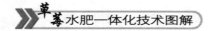

草莓水肥一体化下的主要施肥模式

通过灌溉系统施肥，有多种方法。经常用的有背负式加压浇施法、拖管淋灌法、旁通罐法、泵吸肥法、泵注肥法、比例施肥器法等。下面详细介绍给大家。

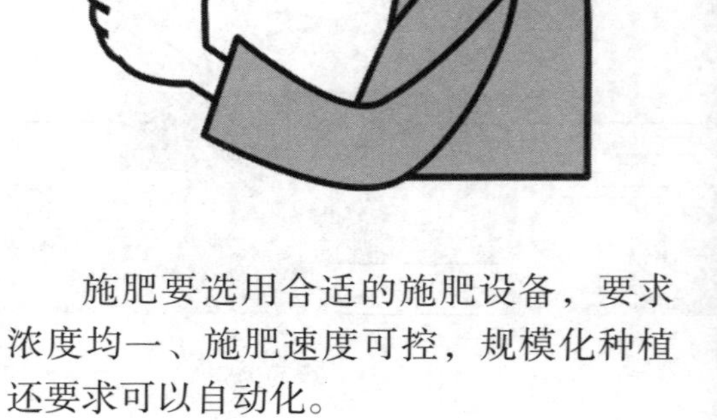

施肥要选用合适的施肥设备，要求浓度均一、施肥速度可控，规模化种植还要求可以自动化。

背负式加压浇施法

背负式加压浇施法

在实行沟灌的地区，将背负式喷雾器的喷头拧开，套上一段32毫米的PVC管，管末端连接一个1升左右的水勺。肥液桶内装液体肥料或营养母液。使用时压一下手柄，流出几毫升液体肥，然后从沟里舀一勺水，浇施在草莓行间。

背负式加压浇施法田间应用的场面

加压拖管淋灌法

加压拖管淋灌法

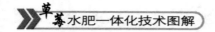

在没有覆膜栽培的小面积地块，在有蓄水池的情况下，可采用加压拖管淋灌法进行灌溉和施肥。动力来自蓄电池或者小功率汽油发电机。可以用直流潜水泵或者汽油机泵。原理见下面示意图。该方法主要针对没有电力供应的地方。

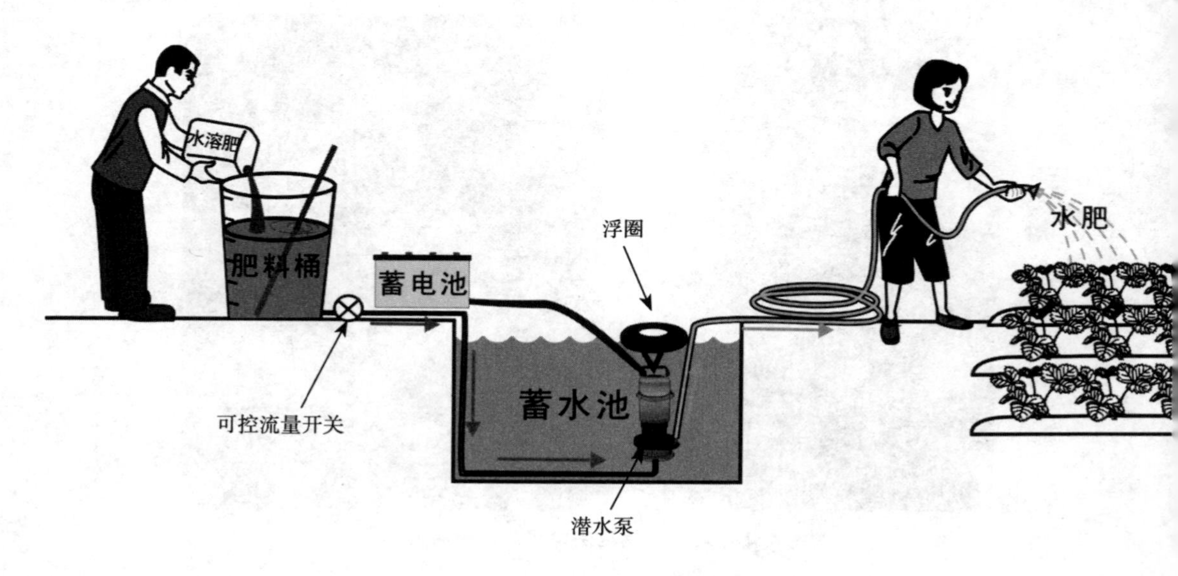

加压拖管淋灌法

潜水泵的功率一般在60～370瓦，流量在1.0～6.0米^3/小时，扬程在4～8米，淋水管外径16～25毫米，电压为24伏直流电或220伏交流电。也可以用小型的汽油机水泵。原理见下面示意图。

小型汽油机水泵

蓄电池加压

旁通罐施肥法

旁通罐施肥法

旁通罐施肥法适合大棚几亩*地小面积种植应用，大面积种植的情况下不适用。一般在大棚应用的施肥罐多为塑料罐，体积10升左右，不耐高压。应用时尽量延长施肥时间，保证施肥均匀。由于施肥罐内的肥料是靠流经灌内的水带走的，整个施肥过程肥料浓度由高到低变化。因此只适合滴灌使用（滴灌的灌水时间长），不适合膜下水带（灌溉时间很短，会导致施肥不均匀）。

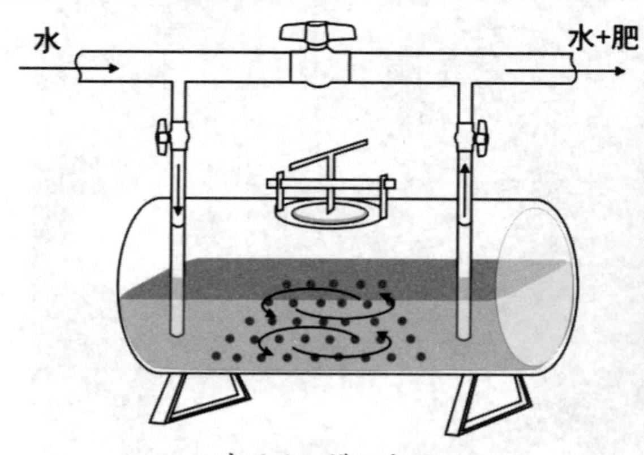

旁通施肥罐示意图

施肥罐在大棚草莓上应用

* 亩为非法定计量单位，1亩=1/15公顷，下同。——编者注

泵吸肥法

泵吸肥法

泵吸肥法是在首部系统旁边建一混肥池或放一施肥桶，肥池或施肥桶底部安装肥液流出的管道，此管道与首部系统水泵前的主管道连接，利用水泵直接将肥料溶液吸入灌溉系统。

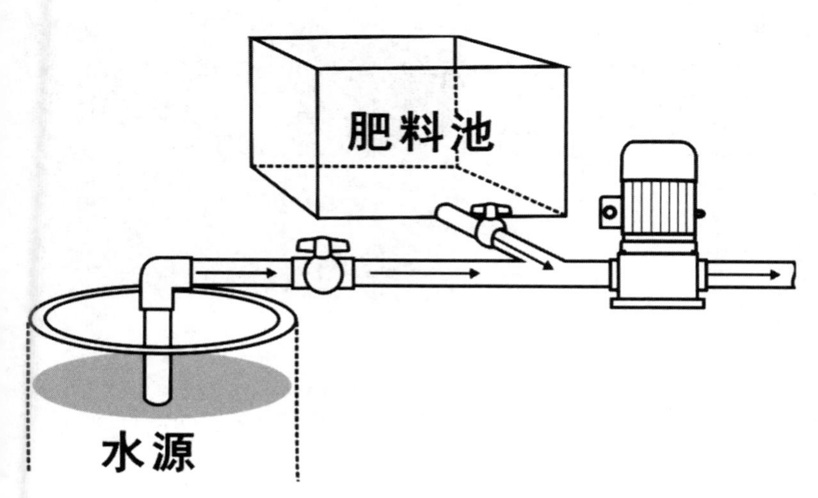

主要应用在用水泵对地面水源（蓄水池、鱼塘、渠道、河流等）进行加压的灌溉系统施肥，这是目前大力推广的施肥模式。如应用潜水泵加压，当潜水泵位置不深的情况下，也可以将肥料管出口固定在潜水泵进水口处，实现泵吸水施肥。

施肥时，先根据轮灌区面积的大小计算施肥量，将肥料倒入混肥池。开动水泵，放水溶解肥料，同时让田间管道充满水。打开肥池出肥口的开关，肥液被吸入主管道，随即被输送到田间草莓根部。

施肥速度和浓度可以通过调节肥池或施肥桶出肥口的开关位置实现。

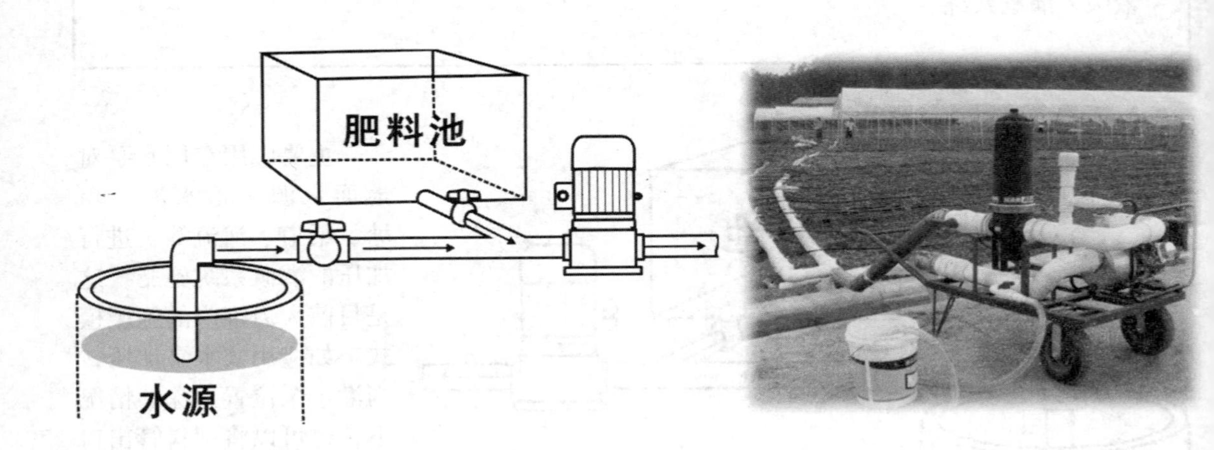

泵吸肥法的优点

1.设备和维护成本低。
2.操作简单方便。
3.不需要外加动力就可以施肥。
4.可以施用固体肥料和液体肥料。
5.施肥浓度均匀，施肥速度可以控制。
6.当连接多个施肥桶时，可以多种肥料同时施用（类似营养液培养的A、B、C母液）。

泵吸肥法的不足

1.不适合于自动化施肥。
2.不适合用在潜水泵放置很深的灌溉系统。

泵注肥法

泵注肥法

泵注肥法是利用加压泵将肥料溶液注入有压管道而随灌溉水输送到田间的施肥方法。

通常注肥泵产生的压力必须要大于输水管内的水压，否则肥料注不进去。

对于用深井泵或潜水泵加压的系统，泵注肥法是实现灌溉施肥结合的最佳选择。

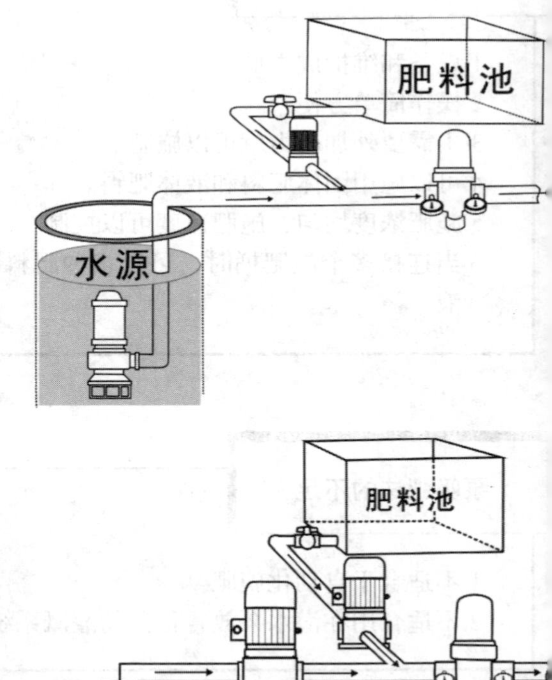

泵注肥法的优点

1.设备和维护成本低。
2.操作简单方便，施肥效率高。
3.适于在井灌区及有压水源使用。
4.可以施用固体肥料和液体肥料。
5.施肥浓度均匀，施肥速度可以控制。
6.对施肥泵进行定时控制，可以实现简单自动化。

泵注肥法的不足

1.在灌溉系统以外要单独配置施肥泵。
2.如经常施肥，要选用化工泵。

比例施肥器法

比例施肥器

比例施肥器是一种精确施肥设备，由施肥器将肥液从敞开的肥料罐（桶）吸入灌溉系统。动力可以是水力、电力、内燃机等。目前常用的类型有膜式泵、柱塞泵、施肥机等。由于价格昂贵，在草莓上少有应用。

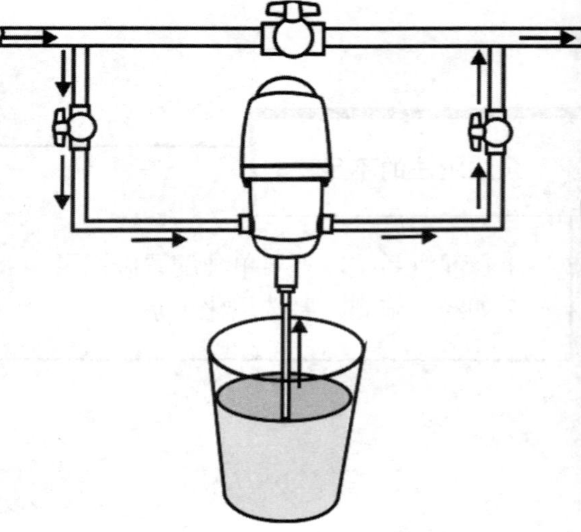

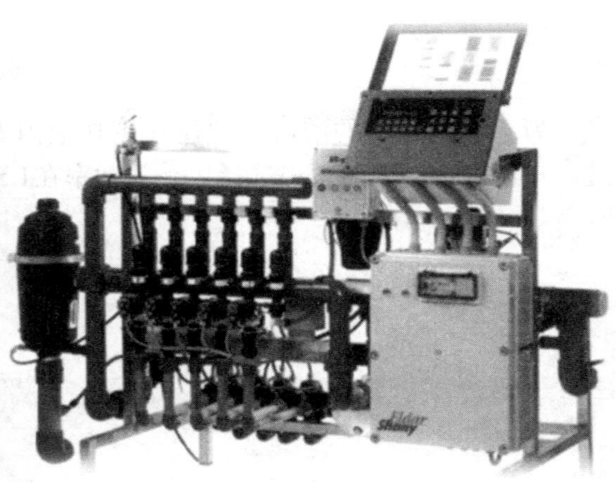

比例施肥器法的优点

1.没有水头损失，不受水压变化的影响。

2.可以使用固体肥料和液体肥料按比例施肥，施肥速度和浓度均匀，施肥浓度容易控制。

3.适合于自动化控制系统。

比例施肥器法的不足

1.设备昂贵。

2.装置复杂，维护费用高。

3.操作复杂。

为了加快肥料的溶解，建议在肥料池内安装搅拌设备。一般搅拌桨要用316L不锈钢制造，减速机根据池的大小选择，一般功率在1.5～3.5千瓦。

水肥一体化下草莓施肥方案及灌溉计划的制定

有了灌溉设施后，接下来最核心的工作就是制定施肥方案。只有制定合理可行的施肥方案，才能实现真正意义上的水肥综合管理。

制定草莓施肥方案必须清楚草莓生长周期内所需的施肥量、肥料种类、肥料的施用时期等。而这些参数的确定又和草莓的生长特性、水肥需求规律等密切相关。

草莓生长特性

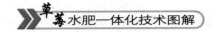

草莓是结果快、成熟早、繁殖易、周期短、效益高的经济作物。

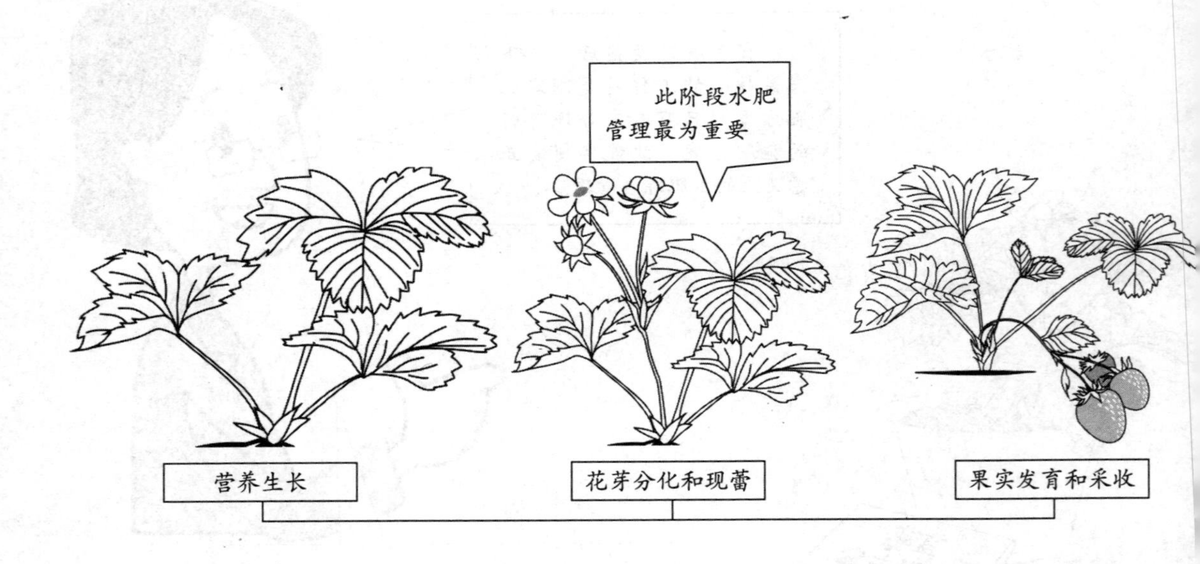

根据品种和地理位置的不同，草莓生育期为180～200天。生长周期主要包括开花期、挂果期和果实生长期 。

草莓对水分的需求规律

在整个生长季节使根层土壤保持湿润就可满足水分需要。如何判断土壤水分是否适宜？

记住啊

用小铲挖开根层的土壤，抓些土用手捏，能捏成团轻抛不散开表明水分适宜。捏不成团散开表明土壤干燥。这种办法适用于沙壤土。

对壤土或黏壤土，抓些土用巴掌搓，能搓成条表明水分适宜，搓不成条散开表明干旱，黏手表明水分过多。

张力计可用于监测土壤水分状况并指导灌溉，是国外目前在田间应用较广泛的水分监测设备。

草莓为浅根系作物，绝大部分根系分布在30厘米以上土层内。当用张力计监测水分时，将一支张力计埋深20厘米即可。土壤湿度保持在田间持水量的60%～80%，即土壤张力在10～20厘巴时有利于草莓生长。超过20厘巴表明土壤变干，要开始灌溉。指针回到0时，表明土壤水分饱和了。

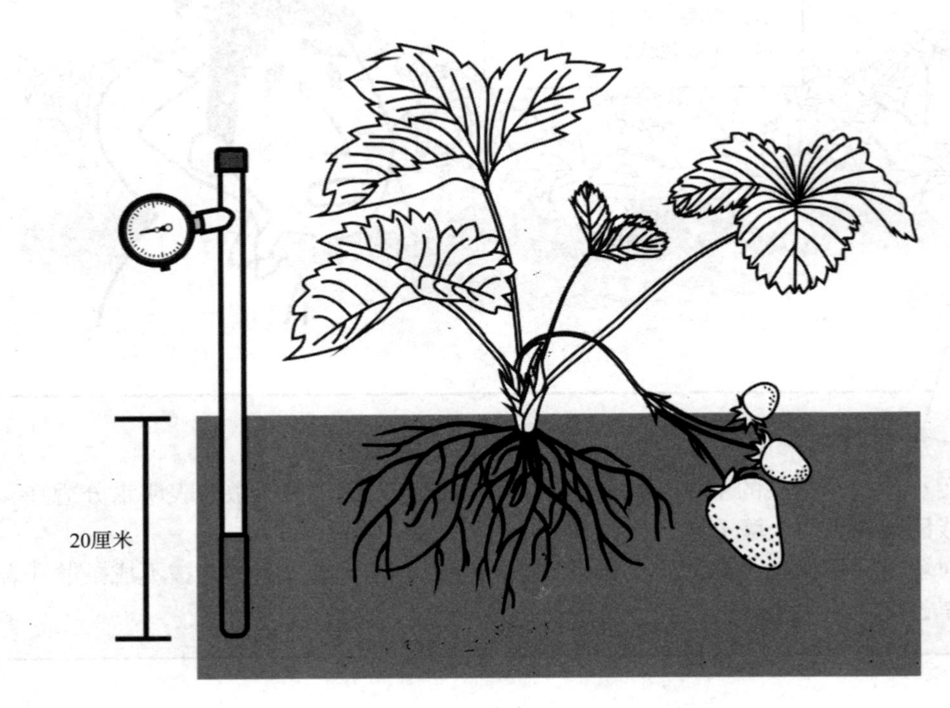

草莓对养分的需求规律

草莓对养分需求与其他木本果树相比有明显差别，其中对氮、磷、钾、钙、镁的需要量较多，而对铁、锌、锰、铜、硼和钼等微量元素的需要量较少。在肥料三要素中，以钾最多，钾肥施用量的多少对草莓果实大小、色泽、香味、糖分积累等品质因素影响很大；氮次之；磷最少。草莓在不同生长时期对各种养分的需求比例不尽相同；一般氮、磷、钾的比例为1：0.4：1.5。

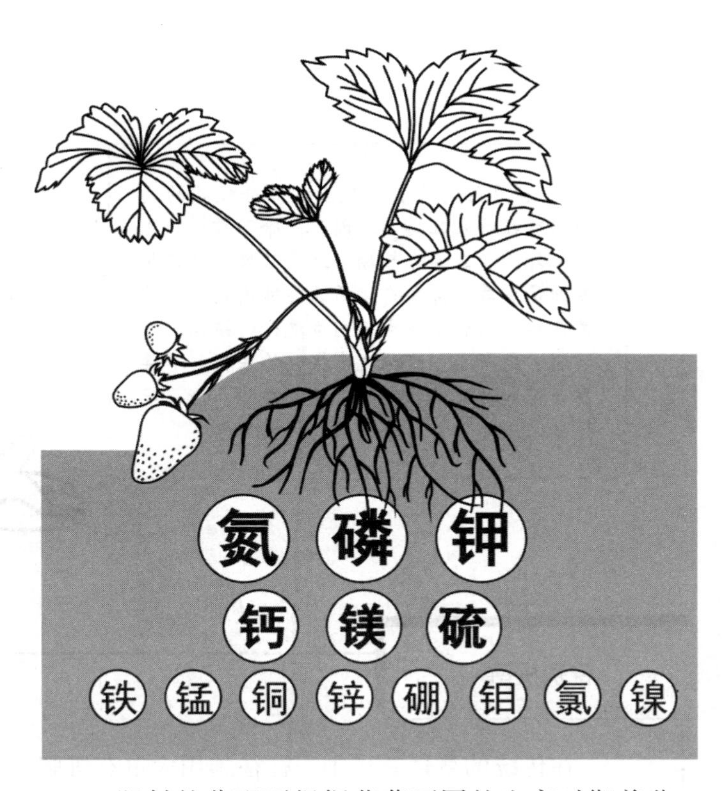

肥料的分配要根据草莓不同的生育时期养分特点确定。总体的规律是养分的吸收量与生长量基本同步。

在草莓的生长周期里，养分吸收的高峰出现在结果旺盛期。因此，除了常规的基追肥外，在旺盛生长期和结果旺盛期补充营养则是草莓获得高产优质的关键措施。草莓是营养生长和生殖生长同步进行的植物，根系弱、分布浅，应施足有机肥作基肥。草莓在开花和幼果生长期要求低氮高磷、钾，花芽分化开始后，需维持较高的氮水平。

特别提醒

在传统的草莓栽培中，往往施用大量有机肥作基肥，而忽视了基肥腐熟程度。例如，把干鸡粪等未充分腐熟的有机肥施到地里。当草莓定植时，未腐熟的有机肥在土壤中继续发酵、发热，导致烧根等。在应用水肥一体化技术时，基肥占的比例在20%，其他作追肥用。

水肥一体化技术下肥料的选择

以不影响灌溉模式的正常运行为标准，能量化的肥料指标有两个：

1.水不溶物的含量（针对不同灌溉模式要求不同，喷水带、拖管淋灌、浇灌要求低，滴灌要求高）。

2.溶解速度（与搅拌、水温等有关，一般要求几分钟内溶解完毕）。

易溶解、溶解快是用于灌溉系统肥料的基本要求。

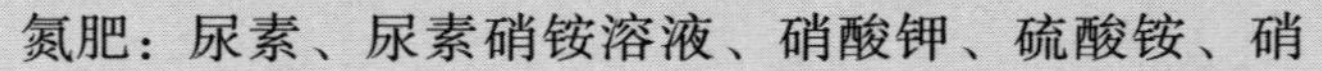

肥料的选择

氮肥：尿素、尿素硝铵溶液、硝酸钾、硫酸铵、硝铵磷。

磷肥：磷酸二铵和磷酸一铵(工业级)、聚磷酸铵（液体）。

钾肥：氯化钾（白色）、水溶性硫酸钾、硝酸钾。

复混肥：水溶性复混肥（粉剂或液体）。

镁肥：硫酸镁（针对南方缺镁地区）。

钙肥：硝酸铵钙、硝酸钙。

沤腐后的有机液肥：如鸡粪、人畜粪尿。

微量元素肥：硫酸锌、硼砂、硫酸锰及螯合态微量元素。

特别提醒

草莓并非所谓的“忌氯作物”，氯是草莓的营养元素。在灌溉施用时，采用少量多次施肥，可以用一部分氯化钾代替其他钾肥（如一半），草莓生长更好。硫酸钾通常溶解性差，不宜用于灌溉系统。硝酸钾是草莓的好肥料，特别在轻度盐化的土壤更是首选肥料。在草莓种植中尽量多用硝态氮肥。

液体肥是灌溉施肥的好肥料

红色氯化钾会快速堵塞过滤器，至少滴灌系统不能用

颗粒复合肥含有杂质，一般不直接用于灌溉系统施肥

特别提醒

各种有机肥一定要沤腐后将澄清液过滤后放入滴灌系统。有试验表明，有机肥应用于滴灌系统要进行三级过滤，分别是20目、80目和120目。

草莓施肥方案的制定

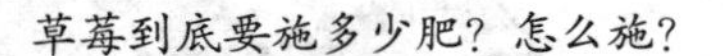

草莓到底要施多少肥？怎么施？

可以通过目标产量法获得。

目标产量法

对于草莓等草本类作物而言，在一定的目标产量下需要吸收多少养分是比较清楚的，借助这些资料可计算具体目标产量下需要的氮、磷、钾总量。根据长期的调查，在水肥一体化技术条件下，氮的利用率为70%～80%，磷的利用率为40%～50%，钾的利用率为80%～90%。可计算出具体的施肥量，然后折算为具体肥料的施用量。

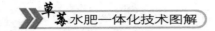

滴灌下草莓的施肥量：
通常生产1吨草莓需肥量为纯氮（N）6.0～10.0千克，纯磷（P_2O_5）2.5～4.0千克，纯钾（K_2O）9.0～13.0千克。
滴灌时养分利用率通常为氮80%～90%，磷25%～40%，钾80%～90%。

特别提醒

草莓生长受不同氮源影响明显。应尽量选择施用硝态氮肥，减少铵态氮肥。尤其是在较高温度条件下过多铵态氮容易对根系产生毒害作用，影响草莓生长。以色列的研究表明，草莓铵态氮与硝态氮的比例以1：4为宜。

1亩草莓滴灌施肥用量（如目标产量1 500千克/亩）如下。

基肥：有机肥1 000～1 500千克，平衡型复合肥 20～25千克，农用磷酸二铵20千克。

追肥：以水溶性复合肥(粉剂或液体)为主。

1.从定植至开花期施用高磷配方(如15-30-15+TE)，每亩10千克，分4次施用，每次2.5千克，7～9天1次。

2.开花至坐果期施用平衡型配方(如20-20-20+TE)，每亩7千克，分2次施用，每次3.5千克，7～9天1次。

3.坐果至收获结束施用高钾配方(如16-8-32+2MgO+TE)，每亩90千克，分15次施用，每次6千克，7～9天1次。

根据选用的肥料不同、基肥和追肥的比例不同，可以制定多个施肥方案。本方案只做参考。南方缺镁地区，每亩施用硫酸镁15千克。

在肥料选择上，可以选择液体配方肥、硝酸钾、氯化钾、硝基磷酸二铵、水溶性复混肥作追肥施用。特别是液体肥料在灌溉系统中使用非常方便。常规的复混肥、缓控释肥一般作基肥施用。

总的施肥建议

1.氮肥、钾肥、镁肥可全部通过灌溉系统施用。

2.磷肥主要用过磷酸钙或农用磷酸二铵作基肥施用。

3.微量元素通过叶面肥喷施。

4.有机肥作基肥用。对于能沤腐烂的有机肥也可通过灌溉系统施用。

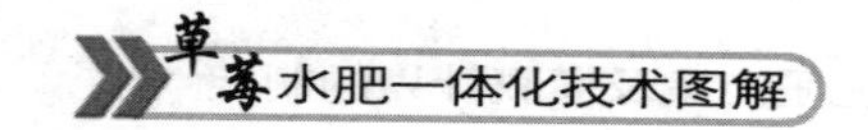

水肥一体化下草莓施肥应注意的问题

水肥一体化技术是现代草莓产业发展的一项水、肥综合管理技术措施，是对传统灌溉施肥技术的革命性变革，具有显著的经济效益和社会效益。

一般而言，灌溉技术都比较容易掌握，但对于初次使用者来说，一旦将灌溉和施肥结合在一起，就有可能会遇到很多问题，比如系统堵塞问题、过量灌溉问题、养分失衡问题等，应引起高度重视。

系统堵塞问题

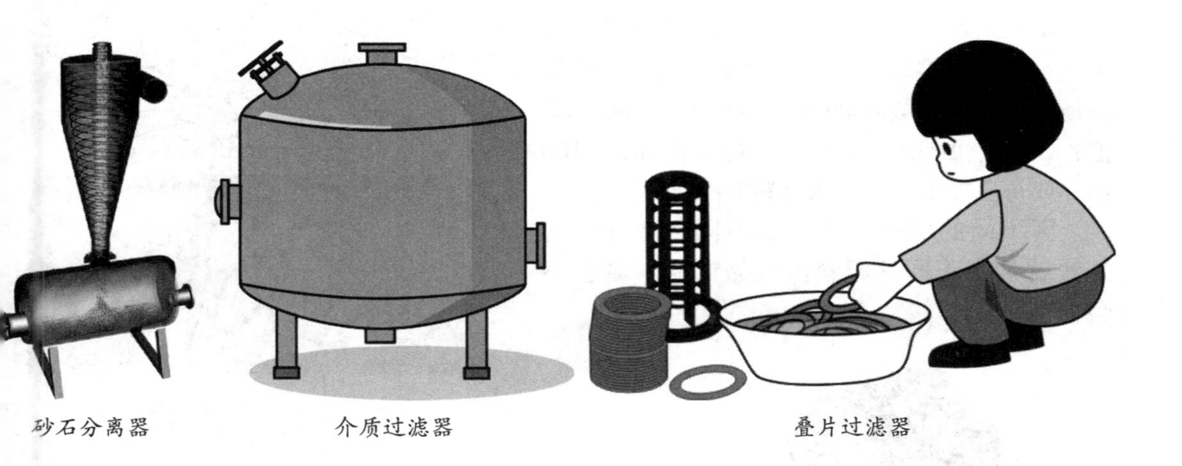

砂石分离器　　介质过滤器　　叠片过滤器

如采用滴灌，过滤器是滴灌成败的关键，常用的过滤器为120目叠片过滤器。如果是取用沙较多的井水或河水，在叠片过滤器之前还要安装砂石分离器。如果是有机物含量多的水（如鱼塘水），建议加装介质过滤器。

过滤器要定期清洗。对于大面积的草莓地，建议安装自动反清洗过滤器。滴灌管尾端定打开冲洗，一般1月1次，确保尾端滴头不被阻塞。一般滴完肥一定要滴清水20分钟左右时间长短与轮灌区大小有关），将管道内的肥液淋洗掉。否则可能会在滴头处生长藻类青等低等生物，堵塞滴头。一些地方的灌溉水含有钙等离子，当用含磷的水溶肥料时，可能成磷酸钙的沉淀，堵塞滴头。应用酸性肥料可以解决这一问题。

盐害问题

盐分积累
哎呀，肥料浓度太高，烧根了！

草莓对盐害比较敏感。通常不建议种在盐土上。基肥过多极容易产生盐害，表现为烧根和地上枯萎。一般施肥时，控制肥料溶液的EC值：2～5毫西门子/厘米或肥料稀释100～300倍。或每立方米水中加入肥料2～5千克。

因不同的肥料盐分指数不同，最保险的办法就是用不同的肥料浓度做试验，看会不会烧苗。

注意哦：（1）一次性施肥太多容易产生盐害问题，导致烧根、烧叶；（2）如果使用滴灌，发现根区有盐分累积，可以单独滴清水将盐淋洗出根区。特别在覆膜栽培的情况下，滴灌可以显著降低盐的为害。

过量灌溉问题

特别提醒

草莓根系很浅，主要分布于10～30厘米土层。灌溉和施肥都只供应根系层。一定要防止过量灌溉。如采用滴灌，在旱季，每次灌溉时间控制在1～2小时。在雨季，滴灌系统只用于施肥。这时要严格控制施肥时间，一般在30分钟内要将肥施完。否则会将肥料淋洗到根层以下，肥料不起作用，导致草莓表现缺肥症状，优先表现为缺氮。如采用膜下水带，一般喷几分钟至十几分钟就够了。过量灌溉是灌溉系统施肥出问题的主要原因。

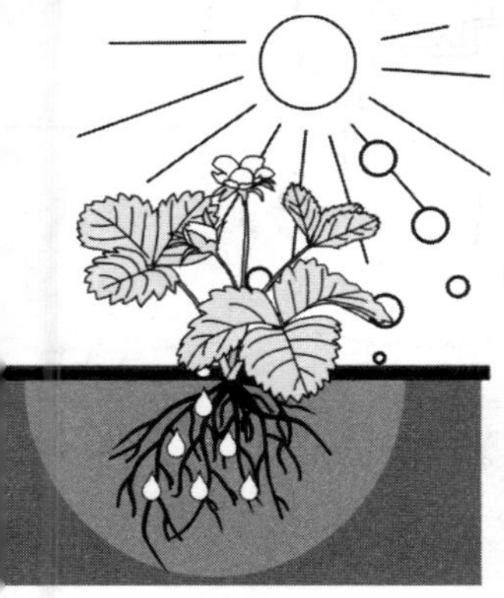

旱季
灌溉时间控制在1～2小时

雨季
30分钟内要将肥施完

过量灌溉
肥料淋洗到根层以下

养分平衡问题

特别提醒

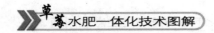

特别在滴灌施肥条件下，根系生长密集、量大，这时对土壤的养分供应依赖性减小，更多依赖于通过滴灌提供的养分。对养分的合理比例和浓度有更高要求。

1.如偏施尿素和铵态氮肥会影响钾、钙、镁的吸收(高氮复合肥以尿素为主)，同时过高的铵离子浓度会影响草莓的生长。

2.过量施钾会影响镁、钙的吸收。

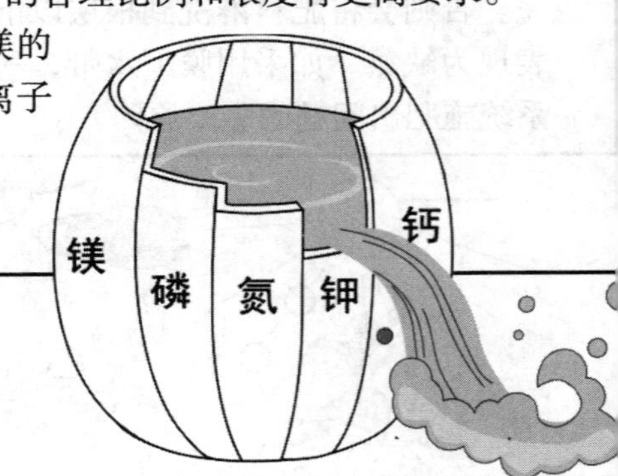

养分平衡是草莓高产优质的关键。

灌溉及施肥均匀度问题

特别提醒

设施灌溉的基本要求是灌溉均匀，保证田间每株作物得到的水量一致。灌溉均匀了，通过灌溉系统进行的施肥才是均匀的。在田间可以快速了解灌溉系统是否均匀供水。以滴灌为例，在田间不同位置（如离水源最近和最远、管头与管尾）选择几个滴头，用容器收集一定时间的出水量，测量体积，折算为滴头流量。

一般要求不同位置流量的差异小于10%。

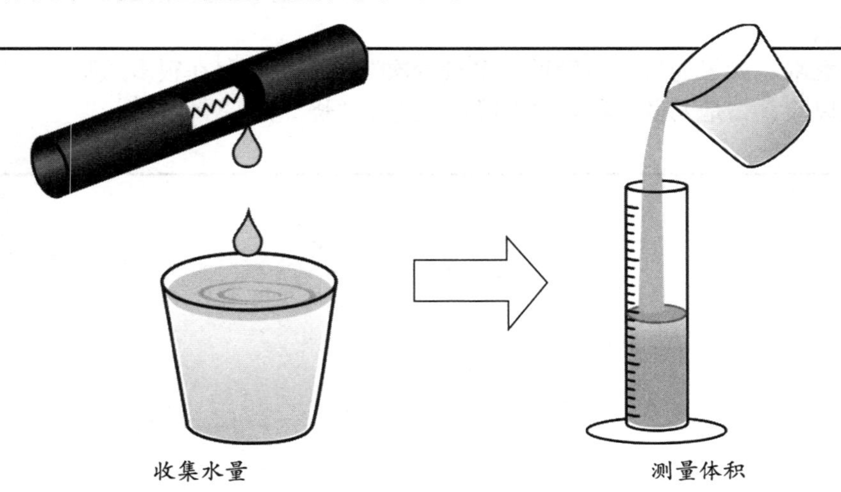

少量多次的施肥原则

特别提醒

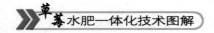

草莓是营养生长和生殖生长同步进行的植物，根系弱分布浅，果实采收期又相对较长。根系在不间断地吸收养分，对施肥要求“少量多次”，以满足根系连续吸收养分的要求。在水肥一体化条件下，整个生育期每7～9天施肥1次，共需施肥20～25次，每次每亩水溶肥料用量在2～6千克。少量多次施用是提高肥料利用率的关键做法。

注意啦：如果通过灌溉管道“多量少次”施肥，会存在很多风险。一是存在养分淋洗风险；二是太多肥料集中于根系会造成“烧”根。

施肥前后的管理

采用滴灌时，一般每次施肥时间维持在1～2小时。滴完肥后，至少再滴15～20分钟清水，将管道中的肥液完全排出。否则可能会在滴头处长藻类、微生物等，可能会引起滴头堵塞。

经常观察叶片的大小、厚度、光泽等。颜色浓绿、叶厚，叶大且有光泽的，表示营养充足，不需施肥，否则应考虑施肥。建议参考草莓的一些典型缺素症分析植株是否处于缺素状态。例如下部叶片和叶柄变紫红色是缺磷，叶色变淡变黄可能为缺氮所致。

草莓缺磷，叶片叶柄变紫红色

经常检查是否有管道漏水、断管、裂管等现象，及时维护系统。

结 束 语

对于草莓生产而言，传统灌溉施肥管理属于饥饿管理，效率低、效果不理想。水肥一体化技术提供了水肥精细管理的条件，是实现草莓高产优质栽培的关键技术。
草莓

特别提醒

对于第一次使用水肥一体化灌溉施肥技术的用户来讲，有三条原则必须记住：

1.只灌溉根区土壤。

2.施肥要少量多次。

3.肥料要求养分平衡。

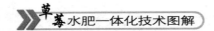